いきもの写真館❷

シマウマのし
サカナのほ

いきもの写真館２　シマウマのしまはサカナのほね

もくじ

森の忍者　木もれ日にかくれる

はじめに

動物の顔や体には様々なもようがあります。きれいなもよう、ふしぎなもよう、子どもの時だけもようがある動物。もようにはどのような意味や役割があるのでしょうか。

シマウマのしまは大変魅力的です。

シマウマのしまをもっと観察してみようと思ったきっかけがあります。川崎市夢見ケ崎動物公園の飼育係の湯澤満さんが、ヤマシマウマの背中を指して「シマウマの背中は魚の骨」と教えてくれたのです。

シマウマは3種類いて、お尻や真横からのしまもようにちがいがあることは知っていました。湯沢さんの話を聞いてからは、他のシマウマの背中が気になりました。観察の結果、背中のしまもようにこそ、種ごとの個性があることを発見したのです。

シマウマの最大の天敵はライオンです。私たちと同じ色付きの世界を見ている哺乳類は霊長類（サル）だけと考えられています。ライオンとシマウマはお互いをモノトーンの世界で見ていることになります。

ライオンは、濃淡にしか見えないはずのサバンナ林や枯草のなかを白黒のシマウマに近づかなければなりません。シマウマは忍びよるライオンを目、耳、鼻をたよりに濃淡の世界から見つけなければなりません。アジアではトラやヒョウとシカが、それぞれのもようをたくみに使って森や茂みのなかでにらみあいながら暮らしているのです。

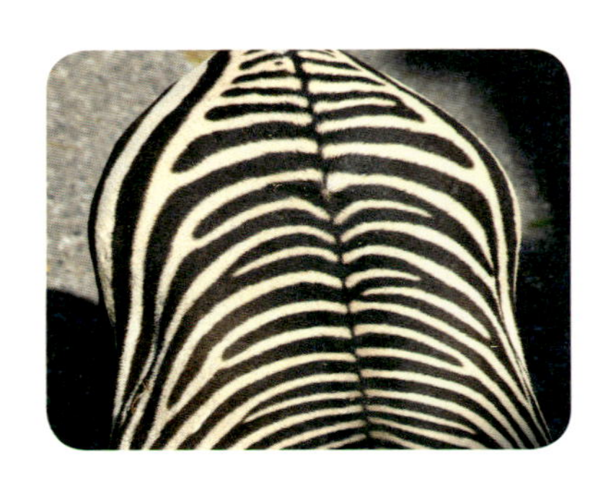

シマウマのしまもよう

シマウマは3種類

シマウマはアフリカにだけ生息し、グレビーシマウマ、ヤマシマウマ、サバンナシマウマの3種類が高原や山岳の草原、サバンナに群れでくらしています。

グレビーシマウマ

分布　アフリカ東部

3種の中で一番大きく、しまは細く、本数も多い。背中からお腹に伸びているしまは、16本前後あります。

ヤマシマウマ

分布　アフリカ南部

山岳地帯の草原にすんでいます。しまの太さはグレビーシマウマとサバンナシマウマの中間。背中からお腹に伸びているしまは、12本前後あります。

サバンナシマウマ

アフリカのサバンナを代表する動物です。日本の動物園で飼われているグラントシマウマやチャップマンシマウマはサバンナシマウマのなかまです。しまは3種の中で一番太く、背中からお腹に伸びているしまは、6本から8本あります。

地域により、しまもように特徴があります。白黒のしまもようがくっきりと見えるものや、しまの間に「かげしま」とよばれる焦(こ)げ茶色のしまがあるものもいます。

グラントシマウマ

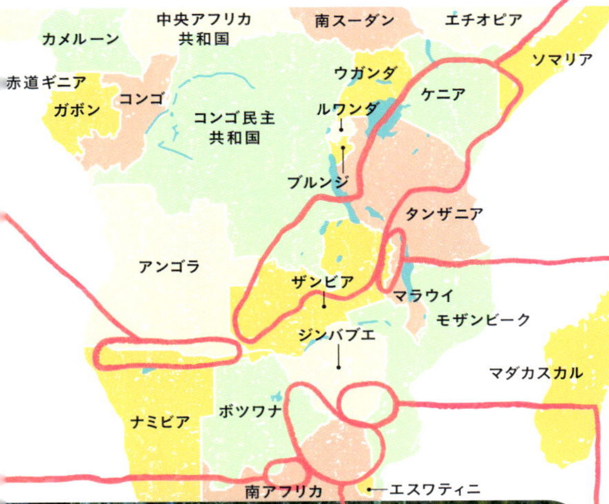
中央アフリカ
共和国
南スーダン
エチオピア
カメルーン
ソマリア
赤道ギニア
ウガンダ
ケニア
ガボン
コンゴ
ルワンダ
コンゴ民主
共和国
ブルンジ
タンザニア
アンゴラ
ザンビア
マラウイ
モザンビーク
ジンバブエ
マダガスカル
ナミビア
ボツワナ
南アフリカ
エスワティニ

クローシャーシマウマ

セロウスシマウマ

シマウマの背中

ヤマシマウマの
背中のしまは魚の骨

チャップマンシマウマの「かげしま」

黒く太いしまの間に茶色い「かげしま」があります。

ヤマシマウマ

グレビーシマウマ

グラントシマウマ

チャップマンシマウマの子ども

シマウマのお腹

ヤマシマウマ
しまはお腹でつながっていないので、お腹は白く見えます。

グラントシマウマ
しまはお腹でつながっています。

グレビーシマウマ

しまはお腹の下まで届かないので、お腹は白く見ます。

チャップマンシマウマ

黒いしまはお腹の下でつながっていますが、「かげしま」はお腹の下には届きません。

シマウマの顔とお尻(しり)

ヤマシマウマ

グレビーシマウマ

グラントシマウマ

チャップマンシマウマ

なぜ、シマウマにはしまがあるのか

防虫効果

アフリカには血を吸うツェツェバエがいます。最近の研究で、ツェツェバエがしまもようをきらうことがわかってきました。種類ごとのしまもようの差は、ツェツェバエの多い少ない地域の差らしいのです。シマウマは毛が短く、血を吸われやすくツェツェバエから逃れるためにしまもようになったと考えられます。なぜツェツェバエがしまもようをきらうのかは、まだわかっていません。

体温調整効果

シマウマの前足の内側に地肌が見える部分があります。灰色がかった黒で、これが地肌の色です。黒は熱を吸収し、白は熱を遮断します。シマウマが地肌のまま黒かったら、暑さに耐えられなかったでしょう。白と黒の毛で覆われたことで、体温調節にも役立っています。

全く同じもようのシマウマはいません。また、同じ個体でも左右のもようが少しちがいます。

カムフラージュ効果(こうか)

防虫効果がわかるまでは、ライオンなどから見つかりにくくするカムフラージュ説が有力でした。確かに背丈の高い草の中にいるシマウマはしまもようが草にまぎれて見つけにくく、大事な機能の一つには変わりないでしょう。

ハイブリットゼブラ

父親はロバ　Donkey

母親はヤマシマウマ　Zebra

ドンブラ　Donbura

父親はトカラウマ　Horse

母親はグラントシマウマ　Zebra

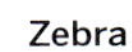

ホーブラ　Horbra

アルビノのシマウマ

黒いしまの色が薄いグラントシマウマは、目が赤っぽかったので黒い色素を欠いたアルビノだったようです。群れの中では目立ち、ライオンなどにねらわれやすくなり、野生では長生きできなかったことでしょう。

絶滅(ぜつめつ)したシマウマ　クアッガ

アフリカ南部に生息していて1788年に絶滅した、体の前半にだけしまのあるシマウマです。サバンナシマウマの学名「エクウス・クアッガ」のエクウスはウマで、クアッガは鳴き声から付けられました。シマウマはウマのように「ヒヒーン」とは鳴かず、ロバのように「クァハ・クァハ・クァハ」と繰り返し、さわがしく鳴きます。

オカピとキリン

ジャングルとサバンナ

オカピはジャングルのキリン

オカピは19世紀終わりにコンゴのジャングルで発見されました。ピグミー族が使っていたしまの皮ベルトから、オアピと呼ばれる未知のシマウマがいるという噂がたったのです。骨格などがヨーロッパに送られ、オカピはシマウマではなくキリンのなかまであることがわかりました。

オカピの色ともようはジャングルで生きるための素晴らしい適応です。お尻のしまもようは、木もれ日にうまくとけ込みます。チョコレート色の体に映る木の葉も、地面に影を落とす葉っぱのようです。ビロードに輝く体は、ジャングルの景色を映すスクリーンです。

キリンのもよう

キリンはオカピのような祖先が、ジャングルを出て、色が薄くなり、背が高くなったのです。コンゴのジャングルに近い樹木の多いサバンナにすむキリンのもようは濃く、乾燥したサバンナにすむキリンは明るい「あみめもよう」です。サハラ砂漠に近い地域にいるキリンは砂色のうすいもようです。

コペンハーゲン
動物園の解説図

コルドファンキリン
ヌビアキリン
ウガンダキリン
アミメキリン
エリトリア
ジブチ
エチオペア
ーダン
ソマリア
ケニア
ウガンダ
ワンダ
ンジ
タンザニア
マラウイ
モザンビーク

いろいろなキリン

ヌビアキリン

アミメキリン

ケープキリン

マサイキリン

ジャングルのしまとサバンナのしま

ジャングルとサバンナでは、同じなかまでも色合いがちがいます。ジャングルのジャイアントエランドは濃い赤褐色(せきかっしょく)でしまがくっきり見え、サバンナのエランドは薄い茶色です。

ジャイアントエランド

分類　ウシ科
分布　アフリカ西部

エランド

分類　ウシ科
分布　アフリカ東部から南部

ボンゴ

分類　ウシ科
分布　アフリカ中西部

ボンゴはジャングルにすみ、赤茶色の体に白いしまがあります。写真は上野動物園で飼われていたオスの「ボンボン」です。しまの数は右側12本、左側14本で、左右対称ではなかったのです。

グレータークーズー

分類　ウシ科
分布　アフリカ東部から南部

レッサークーズー

分類　ウシ科
分布　アフリカ東部から南部

シマダイカー

分類　ウシ科
分布　アフリカ西部

ジャングルの下生(したば)えに潜むシマダイカーは木もれ日効果のあるしまもようがあります。

サバンナダイカー

サハラより南のアフリカ

草原にすむサバンナダイカーは明るいかれくさ色です。

オスのしまとメスのしま

ニアラ

分類　ウシ科
分布　アフリカ南東部

川沿いの茂みにすむニアラはオスにくらべ、メスのしまと白い「はんてん」は明るく目立ちます。でも、ブッシュではカムフラージュ効果が高いのです。

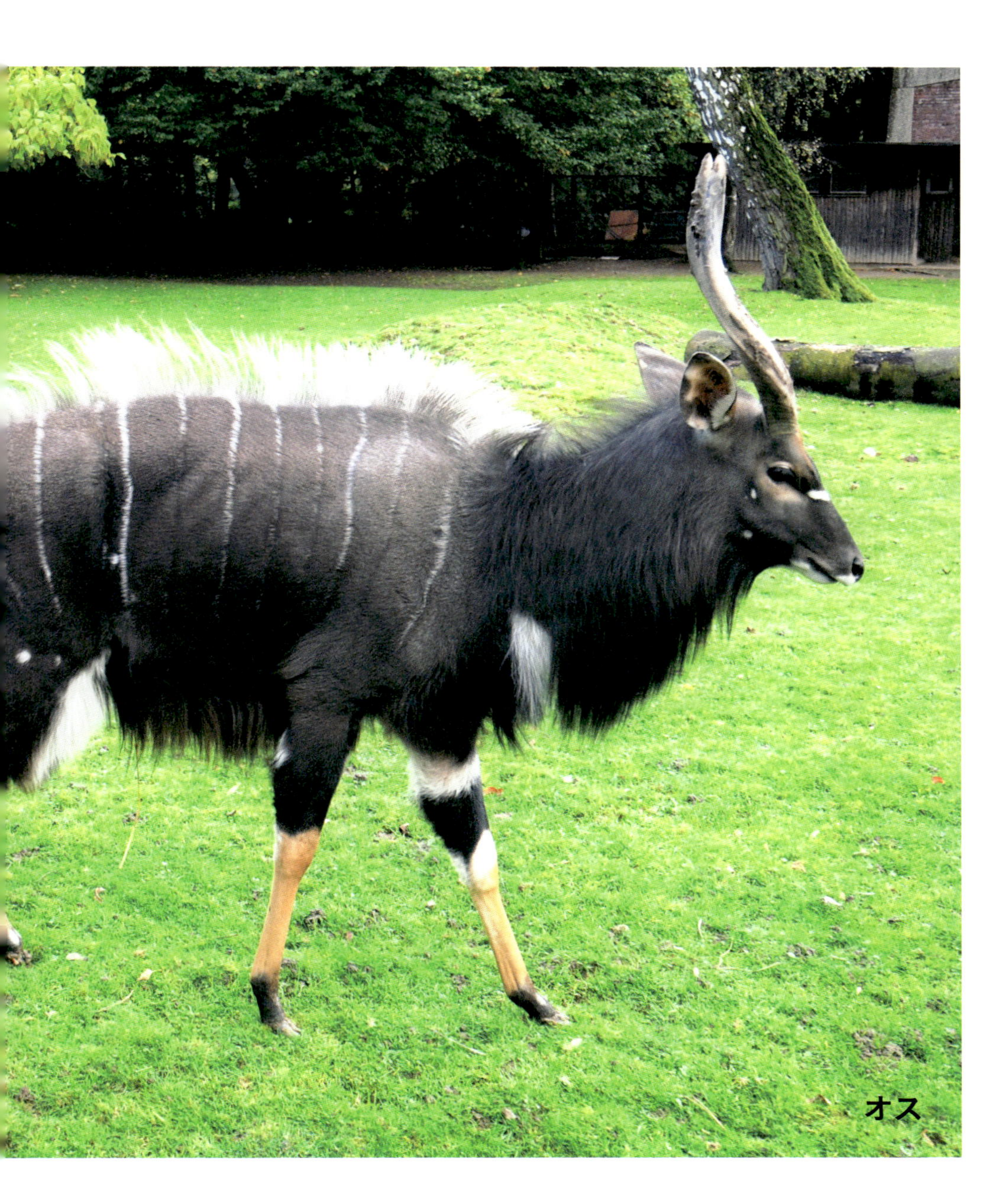
オス

オスのしまとメスのしま

シタツンガ

分類　ウシ科
分布　アフリカ中部

水辺にすみ、メスはオスに比べて明るい色をしています。このメスのしまは右側は11本、左側は10本です。

左右でしまの数がちがう

「うり坊」と「鹿の子（かのこ）もよう」

うり坊

マレーバク

分類　バク科
分布　マレー半島、スマトラ

白と黒のツートンカラーです。昔、バクの白い背中はお釈迦様(しゃかさま)が座られた跡だと言い伝えられていました。ジャングルでは木もれ日にまぎれます。バクの子は黒地に白いしまのある「うり坊」で、足にも白い「はんてん」があり、茂みのなかでは姿をくらます効果があります。

生後2～3カ月で背中に白い鞍型（くらかた）もようがでてきて、4～5カ月でしまは消え、おとなと同じツートンカラーになります。

アメリカバク

分類　バク科
分布　南アメリカ

全身焦げ茶色で、南アメリカに生息しています。親の色はマレーバクとこんなに違うのに、子どもはそっくりな「うり坊」です。遠くはなれたアジアと南アメリカに生息していても共通の祖先から進化したことを「うり坊」の姿が証明してくれます。

ニホンイノシシ

分類　イノシシ科
分布　本州・四国・九州

「うり坊」という言葉は、イノシシの子どものしまもようが、ギンマクワウリというしまのある瓜に似ていたので、使われるようになりました。茂みで木もれ日に当たると、しまもようが光にまぎれてカムフラージュ効果を発揮します。

かくれてるぞ
わかるかな？

アフリカの「うり坊」

アフリカのジャングルにすみ、子どもは「うり坊」です。
大人は背中に1本の鰻（まん）線とよばれる白い線があります。

アカカワイノシシ

分類　イノシシ科
分布　アフリカ西部

テンレック

分類　テンレック科
分布　マダガスカル

多産で、36頭産んだ記録があり、母親は12対の乳頭をもっています。子どもは「うり坊」で、茂みにかくれています。

シマテンレック

分類　テンレック科
分布　マダガスカル

おとなになっても「うり坊」

ズグロテンレック

分類　テンレック科
分布　マダガスカル

一生まだらもようがある

鹿の子(かのこ)もよう

日本では昔からシカはイノシシと並んで、肉、皮、骨、角などがいろいろ使われてきた身近な動物でした。イノシシの「うり坊」に対して、シカの子どもも「鹿の子(かのこ)」という親しみのある呼び方をされてきたのです。

草陰にかくれる
ヤクシカの子ども

ニホンジカの子どもには白い「かのこもよう」があります。生まれて1週間ほどは草陰(くさかげ)でじっとしていて、母親は哺乳(ほにゅう)の時だけ子どもに近づきます。草陰でじっとしているシカの子どもはなかなか見つかりません。この子育て方法が子どもにとって一番安全なのです。

ニホンジカの夏毛

ニホンジカは英名をSika Deer、学名をセルブス・ニッポンといいます。日本だけでなく、中国、台湾、ベトナムなどにも分布しています。

エゾシカ　夏

分類　シカ科
分布　北海道

オス

タイリクジカ（梅花鹿）

分類　シカ科
分布　中国

タイリクジカ（梅花鹿）は中国のニホンジカのなかまです。

ホンシュウジカ

分類　シカ科
分布　本州中部から北部

キュウシュウジカ

分類　シカ科
分布　九州、四国、本州西部

冬毛から夏毛に変わる途中。

ニホンジカの冬毛

日本に生息するニホンジカは冬になると「かのこもよう」が消えて、焦げ茶の濃い冬毛になります。エゾシカは森から緑色が消えるころ焦げ茶色の装いになるのです。

メス
メスは冬も鮮やかな「かのこもよう」

台湾のタイワンジカ（花鹿）もニホンジカのなかまです。冬でも常緑樹の茂る台湾では、一年中、「かのこもよう」です。

タイワンジカ（花鹿）

分類　シカ科
分布　台湾

冬毛から夏毛に変わる途中。

オス
オスの冬毛は濃くなるが「かのこもよう」は消えない

子どものときだけ「かのこもよう」のシカ

多くのシカは天敵に狙われやすい子にだけ「かのこもよう」があります。

オス

シフゾウ（四不像）

分類　シカ科
分布　中国（野生絶滅）
オス　体長190cm、高さ120cm、体重140 ～ 170kg。

プーズー

分類　シカ科
分布　チリ、アルゼンチン南部

プーズーは世界一小さいシカで、体長80cm、肩の高さ35cm、体重9～10kg、赤ちゃんは700gほどです。一番大きなシカはヘラジカで、オスは体長3m、体重800kgにもなります。

一年中、オスもメスも子どもも「かのこもよう」のシカ

「かのこもよう」は天敵の目をくらますことができます。熱帯にすむアルフレッドサンバーやアクシスジカは親も子も一年中消えません。

世界一美しいシカ
アクシスジカ

アクシスジカは明るい茶褐色に真っ白な「かのこもよう」が散りばめられ、世界一美しいシカと言われています。トラとヒョウにとっては、アクシスジカが一番のごちそうなのです。

アクシスジカ　オス

メス

哺乳

ビッグキャットの「しま」と「ひょうがら」

ビッグキャット

トラ、ヒョウ、ジャガー、チーター、ユキヒョウ、ウンピョウ、ライオン、ピューマの大型ネコ８種をビッグキャットと呼んでいます。

ユキヒョウ（雪豹）

ウンピョウ（雲豹）

ライオン

ピューマ

ネコ科の動物はできるだけ獲物（えもの）に近づいておそいます。
体のもようがカムフラージュしています。

アムールトラ

分布　極東ロシアから中国東北部、北朝鮮

トラの中で一番大きく、色が薄い。亜寒帯林にすんでいます。

アムールトラ

マレートラの子

分布　マレー半島

森の忍者

木もれ日に隠れて獲物をねらう

スマトラトラ
分布　スマトラ
一番小さく、色が濃い。熱帯のジャングルにすんでいます。
アモイトラ
分布　中国（野生絶滅）
温帯にすむトラですが、野生では絶滅したと考えられています

ヒョウ

亜寒帯林からジャングル、砂漠（さばく）や都市近郊まで、広く分布し、いろいろな環境（かんきょう）に適応しています。

セイロンヒョウ

分布　スリランカ

熱帯林にすみ、濃い毛色

ジャワヒョウ

分布　ジャワ

熱帯林にすみ、濃い毛色

ペルシャヒョウ

分布　イランからアフガニスタン

乾燥した半砂漠の林や茂みにすみ、薄い毛色

アラビアヒョウ

分布　アラビア半島

砂漠のオアシス林にすみ、薄い砂色の毛色

アムールヒョウ

分布　極東ロシアから中国東北部、
北朝鮮

亜寒帯林にすみ、毛はふさふさで、
「ひょうがら」は大き目

チーター

分布　アフリカ、イラン

「ひょうがら」は黒丸

ジャガー

分布　中央アメリカから
　　　南アメリカの森林

花模様の輪のなかに「はんてん」

ウンピョウ

分布　東南アジア、台湾

雲豹と書くように、もようは雲型で、ジャングルでは木もれ日にかくれる。

ユキヒョウ

分布　中央アジアからヒマラヤ

大きめの輪もよう
高山にすんでいて、もようは石ころのようで、岩や雪によく紛れる

色変わりのビッグキャット
クロヒョウとクロジャガー

真っ黒なヒョウとジャガーがいます。体に黒い「ひょうがら」が見えます。クロヒョウもクロジャガーも薄暗いジャングルに適応したのです。

キングチーター

キングチーターは「はんてん」が細長いもようで、ふつうのチーターからも生まれます。クロチーターがいないのはサバンナではかえって目立つからなのでしょう。

シロトラ

インドにすむ白いベンガルトラです。野生では白い色変わりの動物は生き残れないのですが、トラは強い動物なのでシロトラでも生きていけたのでしょう。

ヤマネコたちのひょうがら

オセロット

中央アメリカから南アメリカの森林

オオヤマネコ

ユーラシア北部の寒帯から
温帯の森林

ボブキャット

北アメリカの温帯林から半砂漠

スナドリネコ

東南アジアの湿地

マーゲイ

中央アメリカから南アメリカの
森林

マーブルキャット
東南アジアの熱帯雨林

ベンガルヤマネコ
アジアの熱帯から温帯の森林

サーバル
アフリカの草原やサバンナ

ネコ科の親戚のひょうがら

ハイエナ科やマングース科の肉食獣たちはネコ科に近いなかまです。体にしまや「はんてん」のあるものが多く見られます。

シマハイエナ

分類　ハイエナ科
分布　インドからアフリカ北部、東部

ブチハイエナ

分類　ハイエナ科
分布　サハラより南のアフリカ

オオブチジェネット
分類　ジャコウネコ科
分布　南アフリカ

ミーアキャット
分類　マングース科
分布　アフリカ南部

シママングース
分類　マングース科
分布　サハラより南のアフリカ

ホソジマママングース
分類　マダガスカルマングース科
分布　マダガスカル

リカオンのぶちもよう

リカオン

分類　イヌ科
分布　サハラより南のアフリカ

イヌ科のなかまでは珍しく、体にもようがあります。群れでシマウマやヌーの子をハンティングします。もようは黄褐色、白、黒の3色から成り、ブッシュの中などで休んでいると、黒い毛が葉の影のように映り目立ちません。

海のひょうがら

ひょうもんアザラシ（海豹）３種

ゴマフアザラシ

ワモンアザラシ

ゼニガタアザラシ

ゴマフアザラシ

北の海から北海道沿岸に来て越冬。春に流氷の上で出産するので、子は白い毛におおわれて生まれます。3週間ほどで白い毛は抜けて、親と同じゴマもようになります。

ゴマフアザラシのゴマもようは水中では小魚の群れに紛れるカムフラージュ効果があるといわれています。

ゼニガタアザラシ

北海道沿岸。岩の上で出産するので、白い毛は母親のお腹の中で抜けてしまい、銭型もようのある姿で生まれます。

ワモンアザラシ

北極海にいて、冬に北海道沿岸にあらわれます。氷の海で出産するので、子は真っ白な毛に覆われ、2カ月くらいで親と同じ輪紋もようの毛に生え変わります。

ヒョウモンオトメエイ

海の中にも「ひょうがら」でカムフラージュして、獲物に近づいたり、敵からかくれる魚がいます。

索引

ア行

カ行

サ行